Gudrun Thiele

Laternenlicht und Mondgesicht

Phantasievolle Laternen für Kinder

frechverlag

Material & Werkzeug

- *Tonkarton oder Wellpappe und eventuell eine Käseschachtel für die Grundform*
- *Transparent- oder Naturpapier (Strohseide, Bananenpapier u. ä.) zum Hinterkleben*
- *Butterbrot- oder Transparentpapier, dünnen Karton und einen Bleistift zum Übertragen der Vorlage*
- *Wasserfester Folienschreiber in Schwarz*
- *Filzstift in Schwarz*
- *Klebstoff, z. B. UHU Kraft*
- *Schere*
- *Cutter mit geeigneter Schneideunterlage*
- *Lineal*
- *Lochzange*
- *Bügel oder Blumenbindedraht*
- *Kerzenhalter mit Kerze oder batteriebetriebene Laternenbeleuchtung*

Die genauen Materialangaben finden Sie bei der jeweiligen Laterne.

Fotos: frechverlag GmbH + Co. Druck KG, 70499 Stuttgart;
Fotostudio Ullrich & Co., Renningen

Dieses Buch enthält:
2 Vorlagenbogen

Auflage: 5. 4. 3.
Jahr: 2002 2001 2000 1999 | Letzte Zahlen maßgebend

ISBN 3-7724-2336-1 · Best.-Nr. 2336

Druck: frechverlag GmbH + Co. Druck KG, 70499 Stuttgart

Der Laternenumzug ist ein großes Ereignis im Leben vieler Kinder. Das Wichtigste dabei ist natürlich die Laterne. Schön sollte sie sein und nicht zu schwierig zu basteln.

Die hier vorgestellten Modelle lassen Ihnen viel Freiraum bei der Gestaltung. Laternenform, Materialien und Farben können nach Herzenslust kombiniert werden. Da bleibt genügend Spielraum für die Phantasie Ihrer Kinder.

Am besten wählen Sie ganz schnell Ihre Lieblingslaterne aus, und dann kann's losgehen!

Viel Spaß beim gemeinsamen Basteln und dem großen Laternenumzug wünscht Ihnen

Ihre

Gudrun Thiele

So entsteht eine Laterne

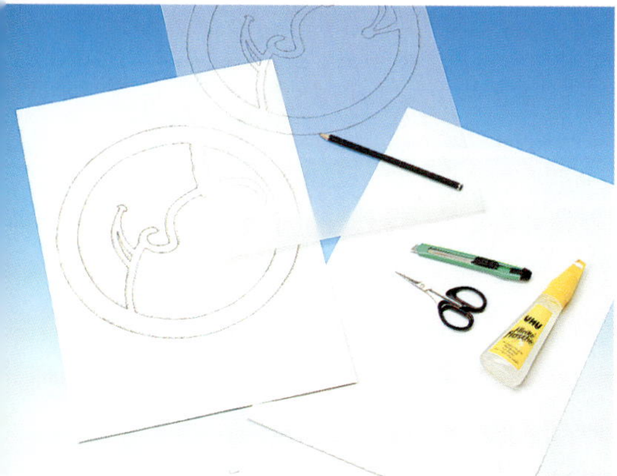

Vorlagen übertragen

Pausen Sie mit einem Bleistift alle Teile der Vorlage ohne Überschneidungen auf Butterbrot- oder Transparentpapier ab. Kleben Sie den Bogen auf dünnen Karton, schneiden Sie die Teile aus, und fertig sind Ihre Schablonen.

Legen Sie die Schablonen auf die Rückseite des ausgewählten Materials, ziehen Sie die Konturen mit einem Stift nach, und schneiden Sie dann die Teile aus.

Sichtbare Bleistiftstriche auf dem Transparent- oder Naturpapier lassen sich vermeiden, wenn Sie dieses zum Übertragen auf die Rückseite der Laternengrundform legen und die Umrisse der zu hinterklebenden Bereiche auf den Stegen nachzeichnen. Dadurch verläuft der Bleistiftstrich auf dem Steg und ist von außen nicht sichtbar.

Nun werden die aufgezeichneten Teile ausgeschnitten und die Grundform mit dem farbigen Transparent- oder Naturpapier (Strohseide, Bananenpapier o.ä.) hinterklebt.

Beleuchtung

Wellpappe-Laternen in ausgefallenen Formen

Die Seitenteile werden einmal seitenrichtig und einmal seitenverkehrt auf die Rückseite der Wellpappe übertragen, ausgeschnitten und mit Transparent- oder Naturpapier hinterklebt, wie auf Seite 4 dargestellt. Dann werden sie ggf. auf der Vorderseite bemalt und weitere Motivteile aufgeklebt.

Erst danach kleben Sie den Wellpappestreifen für den Laternenkörper senkrecht auf ein Seitenteil auf. Sobald der Klebstoff getrocknet ist, wird das zweite Seitenteil am Rand mit Klebstoff eingestrichen, das bereits zuvor zusammengeklebte Teil daraufgesetzt und angedrückt. Gut trocknen lassen.

Befestigen des Bügels

Hierfür stanzen Sie mit der Lochzange zwei Löcher, einander gegenüberliegend, in den oberen Rand der Laterne. Die Bügel gibt es fertig zu kaufen.
Sie können aber auch einen Bügel ganz leicht selbst herstellen, indem Sie ca. 40 cm Blumenbindedraht in Form biegen. Die Öse des selbstgemachten Bügels wird schön rund, wenn sie um einen Stift gewickelt wird.

Kerzenhalter bekommen Sie ebenfalls im Handel. Die beiden Teile der Halterung werden ineinandergesteckt. In die Mitte des Laternenbodens werden mit dem Cutter zwei kleine Schlitze geschnitten, die Enden des Halters werden durchgeschoben und umgebogen.

Natürlich können Sie auch eine batteriebetriebene Laternenbeleuchtung verwenden. Die ist zwar nicht so stimmungsvoll, schützt die Laterne jedoch wirkungsvoll davor, durch Unachtsamkeit in Flammen aufzugehen.

Übrigens: Mit einem Teelicht und einer Tannenbaumkerze können Sie selbst ganz einfach einen sicheren Halter herstellen. Zünden Sie dazu das Teelicht an und lassen Sie es eine Weile brennen, so daß das Wachs weich wird. Nun wird das Licht ausgeblasen. In das weiche Wachs stecken Sie eine Tannenbaumkerze. Dann wird das Teelicht mit doppelseitigem Klebeband in der Mitte des Laternenbodens fixiert.

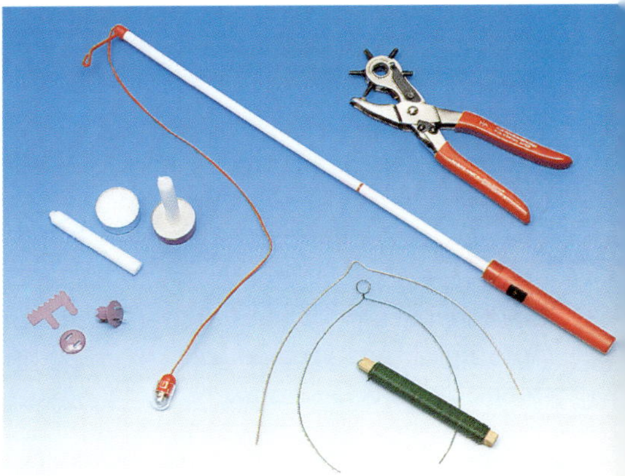

Wichtige Tips und Tricks

Sie können alle runden und eckigen Laternen aus Tonkarton oder Wellpappe basteln. Es gibt dafür jeweils einen passenden Boden. Die runden Laternen lassen sich außerdem auch mit einer Käseschachtel fertigen.

Wenn Sie Laternen mit Kindern basteln möchten, empfiehlt es sich gerade bei jüngeren Kindern, Tonkarton zu verwenden. Dieser läßt sich leichter schneiden als Wellpappe. Besonders schnell und einfach geht es, wenn Sie Käseschachteln benutzen.

Die eckigen Laternen, insbesondere solche aus 3D-Wellpappe, lassen sich besser knicken, wenn Sie den Karton vorher mit dem Cutter auf der Innenseite entlang den Falzlinien leicht einritzen.

Die Klebelaschen der eckigen Böden lassen sich am einfachsten über ein Lineal falzen. Die Klebelaschen der runden Böden können Sie gut über die Schablone für die runde Wellpappe-Variante falten.

Verwenden Sie zum Zusammenkleben der Laterne auf keinen Fall lösungsmittelfreien Klebstoff. Bei feuchtem Wetter könnten sich die Klebenähte lösen.

Zum Malen auf Transparentpapier eignet sich am besten ein wasserfester Folienschreiber.

Die hübschen Lichter eignen sich übrigens nicht nur zum Laternelaufen, sondern auch zur Dekoration fürs Kinderzimmer oder die Gartenparty.

Abendliches Froschkonzert

- *Wellpappe in Grün*
- *Transparentpapier in Rot, Grün, Blau und Orange*
- *Bananenpapier in Gelb und Grün*
- *Kerzenhalter*
- *Bügel*

Wellpappestreifen für den Laternenkörper: 15 cm x 70 cm

Wie der lustige Frosch gebastelt wird, erfahren Sie auf Seite 4/5.

ECKIGE LATERNEN

Die eckigen Laternen können wahlweise aus Tonkarton mit Boden Nr. 9 oder aus Wellpappe mit Boden Nr. 10 gebastelt werden.

Für die eckigen Laternen müssen Sie beim Übertragen auf das ausgewählte Material die Vorlage verdoppeln. Dazu wird die Schablone an der gestrichelten Linie noch einmal spiegelverkehrt angelegt und aufgezeichnet.
Nachdem die Grundform ausgeschnitten wurde, hinterkleben Sie diese mit Transparent- oder Naturpapier Ihrer Wahl. Nun wird die Laterne ggf. noch auf der Vorderseite bemalt oder mit zusätzlichen Schmuckteilen beklebt.
Danach können Sie die Laterne an den angegebenen Linien falzen (die Wellpappe auf der Rückseite zuvor anritzen) und an der Klebelasche zusammenkleben. Nun muß nur noch der Boden in die Laterne geklebt werden.
Bei der Tonkarton-Laterne werden die Klebelaschen des Bodens nach oben geknickt. Dann streichen Sie den unteren, inneren Rand der Laterne mit Klebstoff ein. Jetzt schieben Sie den Boden von oben nach unten in die Laterne und drücken die Seiten an.

Wenn Sie die Laterne aus Wellpappe basteln, zunächst die beiden Bodenteile Rücken an Rücken aufeinander fixieren. Beim Zusammenkleben der Grundform wird der Boden gleich mit eingeklebt. Dazu wird nicht nur die Klebelasche der Laterne mit Klebstoff eingestrichen, sondern zugleich auch die untere, innere Kante. Legen Sie den Boden vor sich hin, und kleben Sie die Laterne darum herum.

Die kleinen eckigen Laternen werden auf dieselbe Weise gefertigt wie die großen (Tonkarton: Boden Nr. 7, Wellpappe: Boden Nr. 8).

Zwei freundliche Dinolichter

Dinolicht aus Tonkarton

- *Tonkarton in Grün*
- *Regenbogen-Transparentpapier (Laternenzuschnitt)*
- *Strohseide in verschiedenen Farben*
- *Kerzenhalter*
- *Bügel*

Dinolicht aus Wellpappe

- *Wellpappe in Natur*
- *Transparentpapier in verschiedenen Farben*
- *Strohseide in verschiedenen Farben*
- *Kerzenhalter*
- *Bügel*

Zwei freundliche Dinolichter

Die beiden Dino-Laternen werden so gebastelt, wie auf Seite 8 beschrieben. Hinterkleben Sie erst die Dinos mit Strohseide, bevor Sie den Rest jeder Seite (separat) mit Transparentpapier verkleiden.

RUNDE LATERNEN

Ob es eine Laterne aus Tonkarton oder Wellpappe werden soll, müssen Sie schon selbst entscheiden. Sie können alle runden Laternen entweder mit den entsprechenden Böden basteln oder um Käseschachteln kleben. Der Durchmesser der Käseschachteln für die großen Laternenlichter beträgt 15 cm, für die kleinen 11 cm. Für die Wellpappe-Variante benötigen Sie Boden Nr. 2 oder Nr. 6, für die Tonkarton-Variante Boden Nr. 1 oder Nr. 5.

Die Vorlage wird auf das gewählte Material übertragen und ausgeschnitten. Nun können Sie die Grundform mit Transparentpapier hinterkleben und die Vorderseite ggf. bemalen oder mit weiteren Motivteilen schmücken.

Dann die Grundform um die Käseschachtel kleben, dabei die Laterne an den Enden zusammenkleben. Der Deckel der Käseschachtel wird zuletzt oben eingeklebt. Er kann bei der Wellpappe-Variante auch weggelassen werden. Gut trocknen lassen.

Soll die Laterne ganz aus Tonkarton gebastelt werden, so wird erst die untere innere Kante der Laterne mit Klebstoff eingestrichen und dann der Boden von oben nach unten in die Laterne geschoben.

Wird die Laterne aus Wellpappe, aber ohne Käseschachtel gebastelt, so werden die beiden Bodenteile mit den glatten Flächen aufeinandergeklebt und als Boden – ebenso wie die Käseschachtel – gleich mit eingeklebt.

Die kleinen runden Laternen werden genauso gebastelt wie die großen.

Mond und Sterne

- *Regenbogen-Wellpappe*
- *Regenbogen-Transparentpapier (Laternenzuschnitt)*
- *Käseschachtel (ø 15 cm)*
- *Kerzenhalter*
- *Bügel*

Bunte Herzen

- *Regenbogen-Tonkarton*
- *Transparentpapier in verschiedenen Farben*
- *Käseschachtel (ø 11 cm)*
- *Kerzenhalter*
- *Bügel*

Die Laternen werden so hergestellt, wie oben beschrieben.

Mond und Sterne
Bunte Herzen

Ein kleiner Elefant

- *Wellpappe in Grau*
- *Strohseide in Grau*
- *Transparentpapier in Blau und Grün*
- *Tonkarton in Weiß*
- *Zwei Wackelaugen mit Lid (ø 15 mm)*
- *Kerzenhalter*
- *Bügel*

Wellpappestreifen für den Laternenkörper: 15 cm x 70 cm

Der kleine Dickhäuter wird genauso gefertigt, wie auf Seite 4/5 beschrieben. Ohren, Augen und Stoßzähne werden aufgeklebt.

Mein liebes Schwein

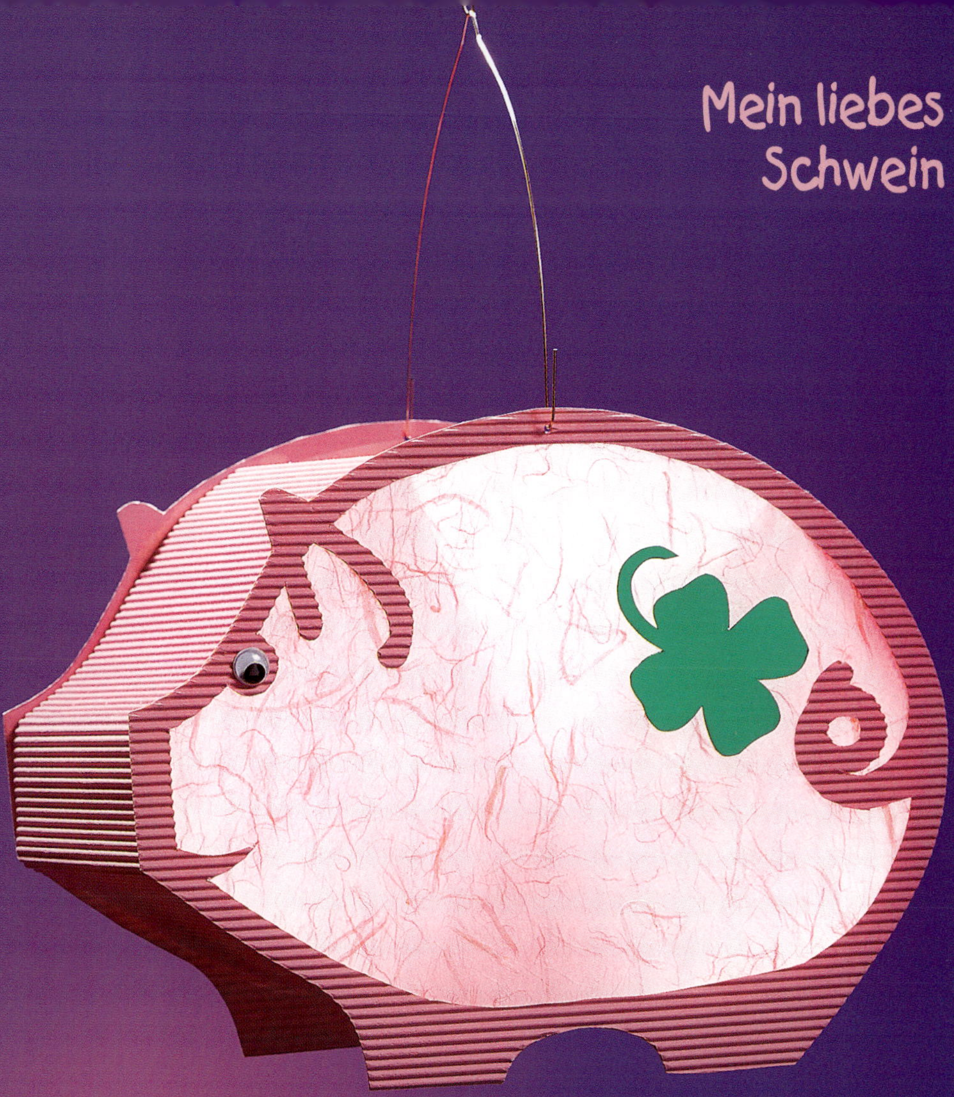

- *Wellpappe in Rosa*
- *Strohseide in Rosa*
- *Alu-Bastelkarton in Grün*
- *Zwei Wackelaugen (ø 12 mm)*
- *Kerzenhalter*
- *Bügel*

Wellpappestreifen für den Laternenkörper: 15 cm x 50 cm

Das rosa Schweinchen wird so gebastelt, wie auf Seite 4/5 erklärt. Augen und Kleeblätter aufkleben.

Flugzeug SuperGuppys

Wellpappestreifen für den Laternenkörper: 15 cm x 70 cm

- *Wellpappe in Orange und Silber*
- *Transparentpapier in verschiedenen Farben*
- *Zwei Stecknadeln*
- *Wasserfester Folienschreiber in Schwarz*
- *Relieffarbe in Schwarz*
- *Kerzenhalter*
- *Bügel*

Auf die aufgeklappten Tragflächen und Heckflügel wird jeweils noch ein Flügelteil zur Stabilisierung geklebt. Die silberfarbenen Propeller werden mit den Stecknadeln in die Flügel gesteckt. Ansonsten wird das phänomenale Flugobjekt so gebastelt, wie auf Seite 4/5 erklärt.

Pompon-licht

- *Wellpappe in Gelb*
- *Transparentpapier in verschiedenen Farben*
- *Wabenpapier in verschiedenen Farben*
- *Käseschachtel (ø 15 cm)*
- *Kerzenhalter*
- *Bügel*

Die Laterne wird so gebastelt, wie auf Seite 10 angegeben. Natürlich können Sie sie auch aus Wellpappe mit Boden Nr. 2 oder aus Tonkarton mit Boden Nr. 1 fertigen. Die Wabenpapierhalbkreise aufkleben, trocknen lassen, auffächern und die Oberseite jeweils so auf der Laterne fixieren, daß lustige Pompons entstehen.

Mein Freund, der Clown

Bei Dunkelheit kommt dieser fidele Clown erst richtig zur Geltung. Er läßt sich auch aus Wellpappe mit Boden Nr. 4 oder mit einer Käseschachtel (ø 15 cm) basteln.

Das nächtliche Licht verwandelt das harte Weiß in ein sanftes Grau.

Bei der Tonkarton-Variante können Kinder auch noch Hut, Hände und Schuhe bemalen.

- *Tonkarton in Weiß*
- *Regenbogen-Transparentpapier*
- *Transparentpapier in Weiß und Rot*
- *Strohseide in Orange*
- *Rest Naturpapier*
- *Wasserfester Folienschreiber in Schwarz*
- *Kerzenhalter*
- *Bügel*

Tonkarton:
Boden Nr. 3

Den spaßigen Gesellen zweimal ausschneiden, hinterkleben und das Gesicht aufmalen. Dann die Hände und Füße nach außen und die Klebelaschen nach innen falten. Nun können Sie die Laterne an den Händen, den Füßen und den Klebelaschen zusammenkleben. Anschließend wird der Boden ausgeschnitten. Den unteren inneren Rand der Laterne mit Klebstoff einstreichen, und den Boden von oben nach unten in die Laterne schieben. Einkleben, gut trocknen lassen, fertig!

Beschreibung der Laternen

Kleines Kürbislicht
und
Schneemann-leuchte

Seite 20.

Kleines Kürbislicht

Abbildung Seite 19

- *Wellpappe in Pink*
- *Hologrammfolie in verschiedenen Farben*
- *Regenbogen-Transparentpapier*
- *Kerzenhalter*
- *Bügel*

Wellpappe: Boden Nr. 8

Schneemannleuchte

Abbildung Seite 19

- *Tonkarton in Weiß*
- *Transparentpapier in Blau und Braun*
- *Strohseide in Weiß*
- *Vier Pompons in Rot (ø 10 mm)*
- *Filzstift in Schwarz*
- *Kerzenhalter*
- *Bügel*

Tonkarton: Boden Nr. 7

Beide Laternen haben die gleiche Größe. Sie werden so gebastelt, wie auf Seite 8 beschrieben. Zum Schluß bekommen die Schneemänner noch rote Nasen.

Schmetterlinge

Abbildung Seite 21

- *Tonkarton in Pink*
- *Regenbogen-Transparentpapier*
- *Hologrammfolie in verschiedenen Farben*
- *Kerzenhalter*
- *Bügel*

Tonkarton: Boden Nr. 1

Kleines Sternenlicht

Abbildung Seite 21

- *3D-Wellpappe in Blau*
- *Regenbogen-Transparentpapier (Laternenzuschnitt)*
- *Hologrammfolie in Silber*
- *Kerzenhalter*
- *Bügel*

Wellpappe: Boden Nr. 6

Diese beiden Laternen sind sehr einfach nachzuarbeiten. Sie können sowohl aus dem jeweils anderen Material als auch mit den passenden Käseschachteln gebastelt werden, wie auf Seite 10 erklärt.

Beschreibung der Laternen

Schmetterlinge

und

Kleines Sternenlicht

Seite 20.

Mein Laternenlicht

- *3D-Wellpappe in Grün*
- *Transparentpapier in Weiß und verschiedenfarbige Reste*
- *Kerzenhalter*
- *Bügel*

Wellpappe:
Boden Nr. 10

Diese Laterne lebt von der spontanen Gestaltung durch Ihre Kinder, sie können ihre Phantasie spielen lassen und beliebige Motive ausreißen und aufkleben.

Die Grundform wird so hergestellt, wie auf Seite 8 beschrieben. Alternativ kann die Laterne auch aus Tonkarton mit Boden Nr. 9 gebastelt werden.

Tigerlicht

- *Tonkarton in Gelb*
- *Transparentpapier in Gelb und Grün*
- *Wachsmalstifte in Braun und Schwarz*
- *Buntstifte in Grün und Rosa*
- *Filzstift in Schwarz*
- *Kerzenhalter*
- *Bügel*

Tonkarton:
Boden Nr. 3

Der kleine Tiger muß vor dem Hinterkleben und Zusammenfügen bemalt werden. Er wird so gebastelt, wie auf Seite 14 beschrieben.

Sie können auch eine Käseschachtel (ø 15 cm) verwenden, jedoch keine Wellpappe, da der Tiger bemalt wird.

Tulpenlicht

- *Wellpappe in Mittelblau*
- *Regenbogen-Transparent-papier*
- *Kerzenhalter*
- *Bügel*

Wellpappe:
Boden Nr. 10

Dieses Blumenlicht kann auch aus Tonkarton mit Boden Nr. 9 gebastelt werden. Die Anleitung finden Sie auf Seite 8.

Phantasievogel

- *Regenbogen-Tonkarton*
- *Tonkarton in Gelb*
- *Transparentpapier in Rot, Orange, Grün, Blau und Lila*
- *Filzstift in Schwarz*
- *Kerzenhalter*
- *Bügel*

Tonkarton:
Boden Nr. 3

Dieser lustige Vogel kann auch aus Wellpappe mit Boden Nr. 4 (nur Grundform) oder mit einer Käseschachtel (ø 15 cm) gebastelt werden. Die Herstellung erfolgt, wie auf Seite 14 angegeben.
Nach dem Zusammenkleben werden Augen, Schnabel und Füße aus Tonkarton bemalt und auf beide Seiten der Laterne geklebt.

Kleine Miezekatze

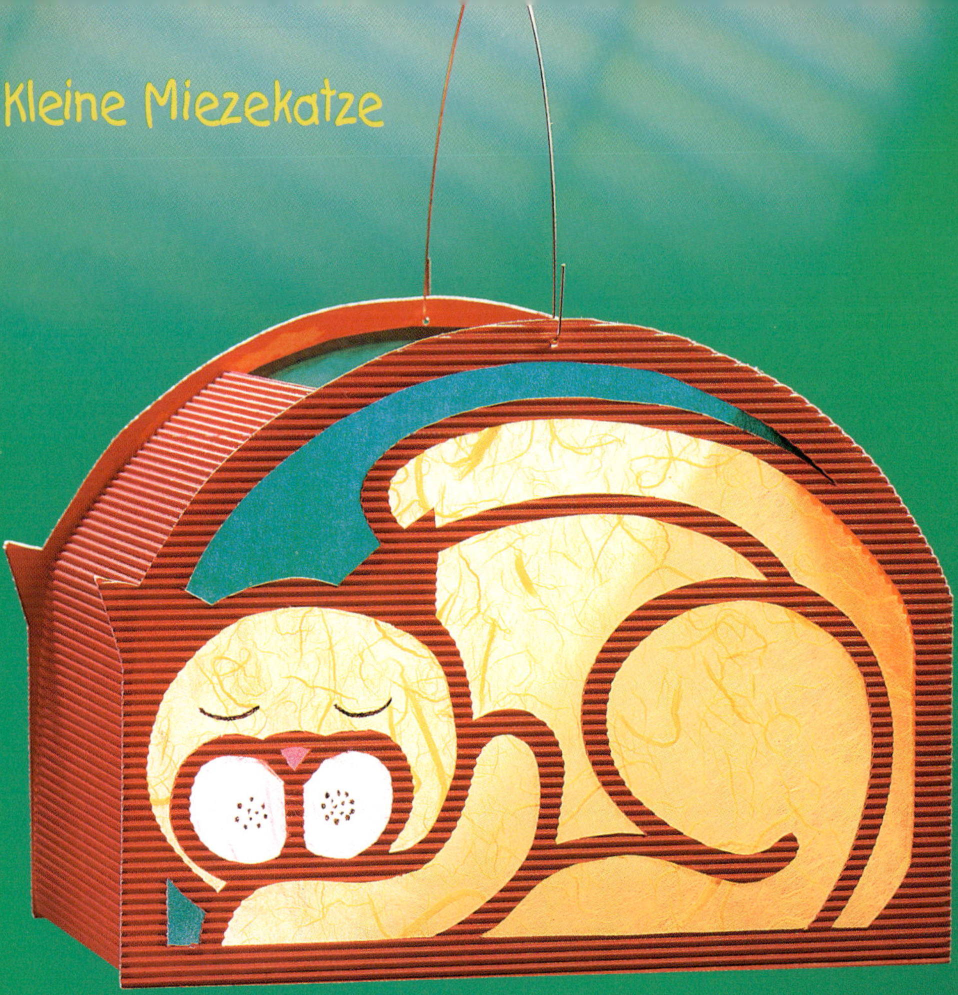

- *Wellpappe in Rot*
- *Strohseide in Gelb und Weiß*
- *Transparentpapier in Rosa und Grün*
- *Schwarzer Filzstift*
- *Kerzenhalter*
- *Bügel*

Wellpappestreifen für den Laternenkörper: 15 cm x 70 cm

Dieses schlafende Kätzchen wird so gefertigt, wie auf Seite 4/5 angegeben.

Geisterstunde

- *Tonkarton in Braun und Weiß*
- *Strohseide in Gelb*
- *Transparentpapier in verschiedenen Farben*
- *Filzstift in Schwarz*
- *Kerzenhalter*
- *Bügel*

Tonkarton:
Boden Nr. 9

Dieses Spukschloß wird so gefertigt, wie auf Seite 8 beschrieben, und kann auch aus Wellpappe mit Boden Nr. 10 (nur Grundform) gebastelt werden. Abschließend werden die kleinen Gespenster aus Tonkarton ausgeschnitten, angemalt und auf die Laterne geklebt.

Engelchen

- *3D-Wellpappe in Gold*
- *Transparentpapier in Weiß und Blau*
- *Strohseide in Braun und Weiß*
- *Naturpapier in Gelb*
- *Wasserfester Folienschreiber in Schwarz*
- *Kerzenhalter*
- *Bügel*

Wellpappestreifen für den Laternenkörper: 15 cm x 63 cm

Die kleine Himmelsbotin wird so gebastelt, wie auf Seite 4/5 erklärt.

Mondgesicht

- *Wellpappe in Gelb*
- *Transparentpapier in Rot, Grün und Blau*
- *Strohseide in Gelb*
- *Hologrammfolie in Silber*
- *Zwei Pompons in Weiß (ø 20 mm)*
- *Filzstift in Schwarz*
- *Kerzenhalter*
- *Bügel*

Wellpappestreifen für den Laternenkörper: 15 cm x 62 cm

Der freundlich lächelnde Mond wird so gebastelt, wie auf Seite 4/5 beschrieben.

Leuchtfische

- *3D-Wellpappe in Dunkelblau*
- *Regenbogen-Transparent-papier*
- *Wasserfester Folienstift in Schwarz*
- *Kerzenhalter*
- *Bügel*

Wellpappe:
Boden Nr. 10

Dieser regenbogenbunte Fischschwarm wird so hergestellt, wie auf Seite 8 beschrieben.

Er kann auch aus Tonkarton mit Boden Nr. 9 gebastelt werden.

Pinguin-Parade

- *Tonkarton in Weiß, Gelb und Schwarz*
- *Regenbogen-Transparent-papier*
- *Naturpapier in Hellbeige*
- *Filzstift in Schwarz*
- *Kerzenhalter*
- *Bügel*

Tonkarton:
Boden Nr. 1

Zuerst werden die Pinguinkörper mit dem Naturpapier hinterklebt und danach auf die Eisfläche geklebt. Nun wird ganz normal weitergearbeitet, wie auf Seite 10 beschrieben. Abschließend werden noch die Schnäbel aufgeklebt und die Augen aufgemalt. Das eisige Licht kann auch aus Wellpappe mit Boden Nr. 2 oder mit einer Käseschachtel (ø 15 cm) gebastelt werden.

Mein liebster Teddy

- *3D-Wellpappe in Natur*
- *Naturpapier in Beige*
- *Transparentpapier in Lila*
- *Schleifenband*
- *Filzstift in Schwarz*
- *Kerzenhalter*
- *Bügel*

Wellpappestreifen für den Laternenkörper: 15 cm x 65 cm

Dieser liebenswerte Teddy wird so gebastelt, wie auf Seite 4/5 beschrieben. Als zusätzlichen Schmuck erhält er beidseitig eine Schleife.